公路施工安全教育系列丛书——工种安全操作
本书为《公路施工安全视频教程》配套用书

U0269555

安全操作手册

广 东 省 交 通 运 输 厅 组织编写

广东省南粤交通投资建设有限公司
中 铁 隧 道 局 集 团 有 限 公 司 主　编

人民交通出版社股份有限公司
China Communications Press Co.,Ltd.

内 容 提 要

本书是《公路施工安全教育系列丛书——工种安全操作》中的一本，是《公路施工安全视频教程》（第五册 工种安全操作）的配套用书。本书主要介绍电工安全作业的相关内容，包括：电工简介，电工的职责及安全作业风险，电工的基本要求，电工作业安全要点等。

本书可供电工使用，也可作为相关人员安全学习的参考资料。

图书在版编目（CIP）数据

电工安全操作手册/广东省交通运输厅组织编写；

广东省南粤交通投资建设有限公司，中铁隧道局集团有限

公司主编. — 北京：人民交通出版社股份有限公司，

2018.12（2025.1 重印）

ISBN 978-7-114-15053-1

Ⅰ. ①电… Ⅱ. ①广…②广…③中… Ⅲ. ①电工—

安全技术—手册 Ⅳ. ①TM08-62

中国版本图书馆 CIP 数据核字（2018）第 223159 号

Diangong Anquan Caozuo Shouce
书　名：**电工安全操作手册**
著 作 者：广东省交通运输厅组织编写
　　　　　广东省南粤交通投资建设有限公司　中铁隧道局集团有限公司主编
责任编辑：韩亚楠　郭晓旭
责任校对：刘　芹
责任印制：张　凯
出版发行：人民交通出版社股份有限公司
地　　址：（100011）北京市朝阳区安定门外外馆斜街 3 号
网　　址：http://www.ccpcl.com.cn
销售电话：（010）85285857
总 经 销：人民交通出版社股份有限公司发行部
经　　销：各地新华书店
印　　刷：北京建宏印刷有限公司
开　　本：880×1230　1/32
印　　张：1.75
字　　数：47 千
版　　次：2018 年 12 月　第 1 版
印　　次：2025 年 1 月　第 4 次印刷
书　　号：ISBN 978-7-114-15053-1
定　　价：15.00 元
（有印刷、装订质量问题的图书由本公司负责调换）

编委会名单

EDITORIAL BOARD

《公路施工安全教育系列丛书——工种安全操作》
编审委员会

《电工安全操作手册》
编写人员

致工友们的一封信

亲爱的工友：

你们好！

为了祖国的交通基础设施建设，你们离开温馨的家园，甚至不远千里来到施工现场，用自己的智慧和汗水将一条条道路、一座座桥梁、一处处隧道从设计蓝图变成了实体工程。你们通过辛勤劳动为祖国修路架桥，为交通强国、民族复兴做出了自己的贡献，同时也用双手为自己创造了美好的生活。在此，衷心感谢你们！

交通建设行业是国家基础性和先导性行业，也是安全生产的高危行业。由于安全意识不够、安全知识不足、防护措施不到位和违章操作等原因，安全事故仍时有发生，令人非常痛心！从事工程施工一线建设，你们的安全牵动着家人的心，牵动着广大交通人的心，更牵动着党中央及各级党委、政府的心。为让工友们增强安全意识，提高安全技能，规范安全操作，降低安全风险，保证生产安全，我们组织开发制作了以动画和视频为主要展现形式的《公路施工安全视频教程》(第五册　工种安全操作)，并同步编写了配套的《公路施工安全教育系列丛书——工种安全操作》口袋书。全套视频教程和配套用书梳理、提炼了工种操作与安全生产相关的核心知识和现场安全操作要点，易学易懂，使工友们能知原理、会工艺、懂操作，在工作中做到保护好自己和他人不受伤害。

请工友们珍爱生命，安全生产；祝福你们身体健康，工作愉快，家庭幸福！

广东省交通运输厅

二〇一八年十月

目录

1 PART / 电工简介

1.1 定义

　　电工是从事电气设备及线路的安装或拆除、处理用电故障、检查维护电气设备状态、抄录电力运行数据的特殊工种。

1.2 电工常用工具

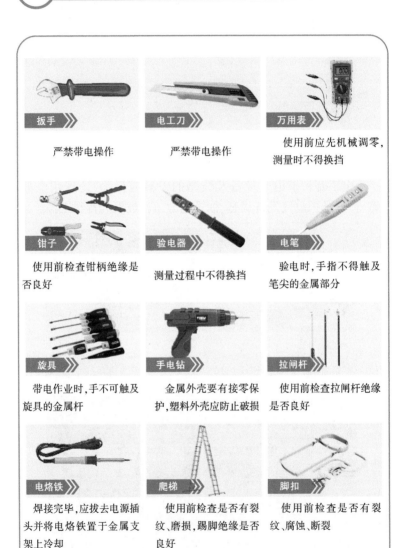

扳手

严禁带电操作

电工刀

严禁带电操作

万用表

使用前应先机械调零，测量时不得换挡

钳子

使用前检查钳柄绝缘是否良好

验电器

测量过程中不得换挡

电笔

验电时，手指不得触及笔尖的金属部分

旋具

带电作业时，手不可触及旋具的金属杆

手电钻

金属外壳要有接零保护，塑料外壳应防止破损

拉闸杆

使用前检查拉闸杆绝缘是否良好

电烙铁

焊接完毕，应拔去电源插头并将电烙铁置于金属支架上冷却

爬梯

使用前检查是否有裂纹、磨损，踢脚绝缘是否良好

脚扣

使用前检查是否有裂纹、腐蚀、断裂

1.3 电工常用护具

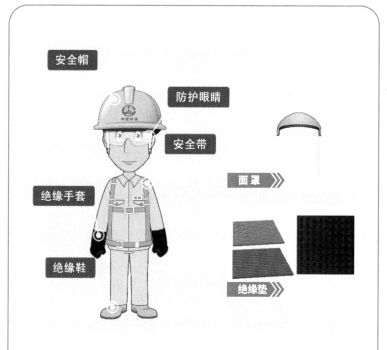

- 防护眼镜作用:防止异物进入眼睛;防止强光、紫外线和红外线的伤害。
- 防护手套作用:防止电、化学物质的伤害;防止撞击、切割、擦伤、微生物侵害以及感染。
- 布面绝缘鞋只能在干燥环境下使用,避免布面潮湿。
- 安全带使用前应检查部件是否完整,有无损伤;金属配件边缘应光滑,不得使用焊接件。

2 PART 岗位职责及安全风险

2.1 岗位职责及安全风险

（1）配合相关人员参与制订施工现场临时用电施工组织设计。

（2）做好生产区、办公区、生活区、机械设备的线路架设及安全用电保护工作。

（3）定期对临电线路、电箱、用电设备和生活区进行安全用电检查，做好安全用电安装、巡查、维护、维修、拆除，并记录。

临电线路检查

配电箱检查

用电设备检查

生活区用电检查

（4）遵守项目规章制度，有权拒绝违章指挥、强令冒险作业，对他人的违章操作加以劝阻和制止。

（5）配合安全员做好办公区、生产区、生活区用电系统和设备的防火措施。

消防检查

2.2 电工作业风险分析

电工作业过程中的主要危险因素有:触电、物体打击、高处坠落等。

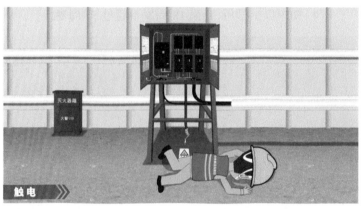

触电 ≫

物体打击

高处坠落等

3 PART / 电工基本要求

(1)初中以上学历,年满18周岁不超过55周岁。

(2)体检合格,并符合电工工种身体条件要求。

（3）必须取得省级住建部门颁发的特种作业操作证,证书有效期为 2 年,应在期满前 3 个月内向原考核发证机关申请延期复核手续。

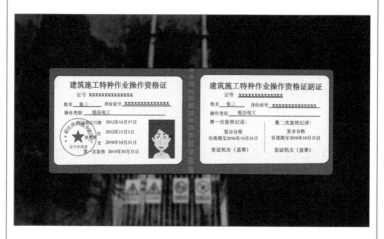

（4）必须经入场安全教育培训并考试合格后方可上岗。

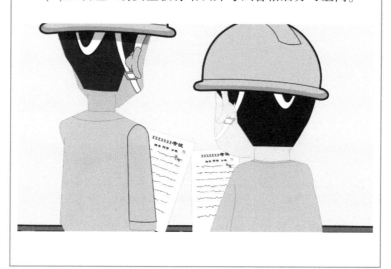

4 PART 电工作业安全要点

4.1 临时用电系统介绍

施工现场临时用电采用电源中性点直接接地的 220/380V 三相五线制低压电力系统(TN-S 系统),必须采取三级配电、两级保护。

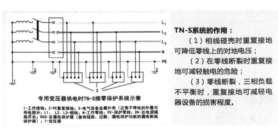

TN-S系统的作用:
(1)相线碰壳时重复接地可降低零线上的对地电压;
(2)在零线断裂时重复接地可减轻触电的危险;
(3)零线断裂,三相负载不平衡时,重复接地可减轻电器设备的损害程度。

专用变压器供电时TN-S接零保护系统示意

1-工作接地;2-PE重复接地;3-电气设备金属外壳(正常不带电的外露可导电部分);L1、L2、L3-相线;N-工作零线;PE-保护零线;DK-总电源隔离开关;RCD-总漏电保护器(兼有短路、过载、漏电保护功能的漏电断路器保护器);T-变压器

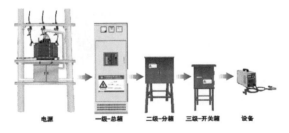

电源　　　　一级-总箱　　　二级-分箱　　　三级-开关箱　　　设备

两级保护:除在末级开关箱内加装漏电保护器外,还要在上一级分配电箱或总配电箱中再加装一级漏电保护器。

4.2 线路连接

(1) 外电到总配电房线路连接。

(2) 总配电箱线路连接。

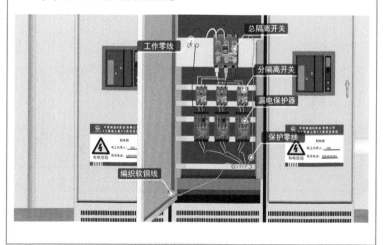

（3）二级分配电箱线路连接。

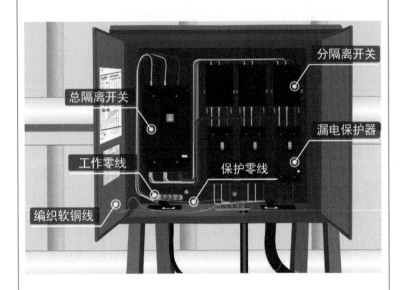

（4）开关箱线路连接。

4.3　配电箱设置要求

4.3.1　通用要求

（1）总配电房门口、配电箱、开关箱应有明显的警示标牌。

配电房门口 ▶▶

配电箱 ▶

开关箱 ▶

（2）总配电房内应设置用电管理制度、责任牌、操作流程和安全警示牌。

（3）配电箱应具有防雨、防尘功能,箱内粘贴电路图及日常检查表,箱体附近配置干粉灭火器。

（4）箱体装设应端正、牢固，固定式配电箱中心点与地面的垂直距离应为 1.4～1.6m。

1.4～1.6m

• 配电箱、开关箱应采用冷轧钢板或阻燃绝缘材料制作；钢板厚度应为1.2～2.0mm；其中开关箱箱体钢板厚度不得小于1.2mm；配电箱箱体钢板厚度不得小于1.5mm；箱体表面应做防腐处理。

（5）移动式配电箱、开关箱，应装设在坚固、稳定的支架上，其中心与地面的垂直距离宜为 0.8～1.6m。

当心碰头   当心

配电箱

开关箱

0.8～1.6m

（6）配电箱与开关箱的距离不得超过 30m，开关箱与其控制的固定式用电设备的水平距离不宜超过 3m，电焊机不应超过 5m。

（7）配电箱、开关箱周围应有足够2人同时工作的空间和通道，不得堆放任何妨碍操作、维护的物品。

作业通道

不得堆放任何妨碍操作、维护的物品。

(8)动力、照明配电箱宜分别设置,当合并设置时应分路配电。

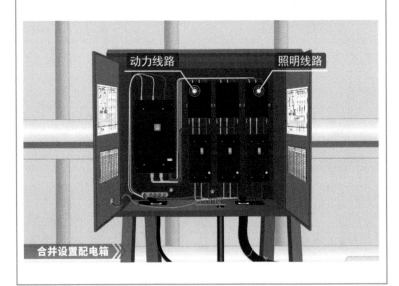

(9)配电箱的进出线口应设在箱体底面,进出线口应配置固定线卡,且进出线颜色必须对称。

(10)出线应加绝缘护套并成束固定在箱体上,不得与箱体直接接触。

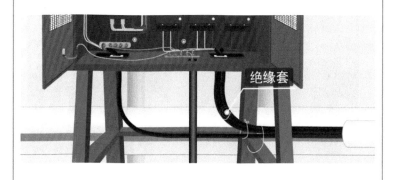

（11）箱内应设置保护零线的接线端子，并有相应标识，保护零线端子直接与箱体连接。

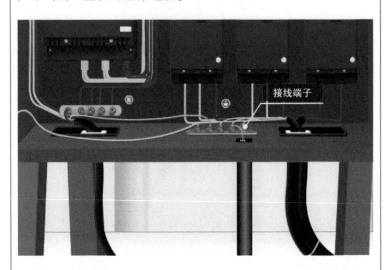

（12）配电箱、开关箱内应保持整洁，不得放置任何杂物。

4.3.2　总配电箱要求

（1）总配电箱（一级配电箱）应具备电源隔离、正常接通与分断电路以及短路、过载、漏电保护功能，设置在靠近电源的地方。

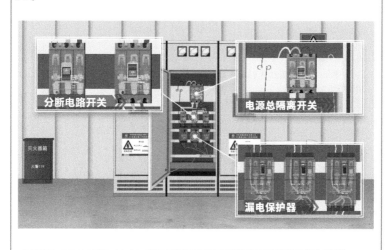

（2）漏电保护器的额定漏电动作电流应大于30mA，额定漏电动作时间应大于0.1s，其额定漏电动作电流与额定漏电动作时间的乘积不应大于30mA·s。

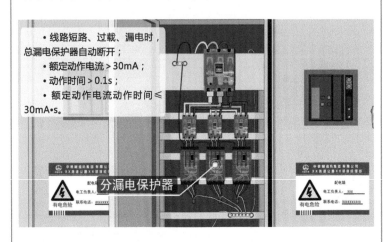

（3）总配电箱应装设电压表、总电流表、电度表及其他需要的仪表。

4.3.3 二级分配电箱要求

（1）分配电箱（二级配电箱）应装设总隔离开关，具备短路、过载、漏电保护功能的漏电断路器、分路隔离开关。

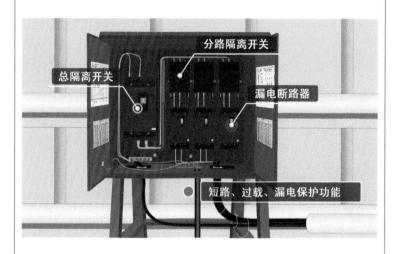

（2）分配电箱应设置在用电设备或负荷相对集中的区域。

4.3.4 开关箱要求

（1）开关箱（三级配电箱）内必须装设隔离开关及具备短路、过载、漏电保护功能的漏电断路器。漏电保护器的额定漏电动作电流不应大于30mA，额定漏电动作时间不应大于0.1s。

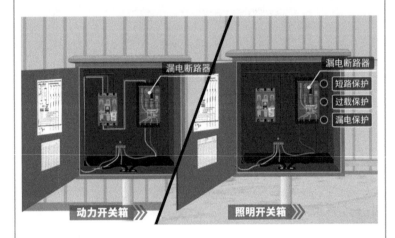

（2）在潮湿或有腐蚀介质场所，漏电保护器额定漏电动作电流不应大于15mA，额定漏电动作时间不应大于0.1s。

4.4 接地与防雷

（1）PE 零线应单独敷设，重复接地线必须与 PE 线相连接，严禁与 N 线相连接。

（2）不得采用铝导体做接地体或地下接地线。垂直接地体宜采用角钢、钢管或光面圆钢，不得采用螺纹钢。

• 接地体宜为镀锌圆钢或扁钢，不得采用铝导体做接地体。

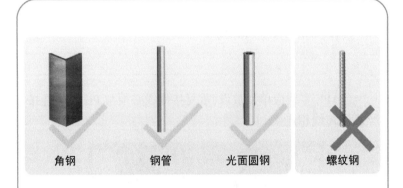

角钢　　　　钢管　　　　光面圆钢　　　螺纹钢

（3）配电装置和电动机械相连接的 PE 线应为截面不小于 2.5mm² 的绝缘多股铜线。手持式电动工具的 PE 线应为截面不小于 1.5mm² 的绝缘多股铜线。

（4）机械设备或设施的防雷引下线可利用其金属结构体，但应保证电气连接。

- 做防雷接地机械上的电气设备，所连接的PE线必须同时做重复接地，同一台机械电气设备的重复接地和机械的防雷接地可共用同一接地体，但接地电阻应符合重复接地电阻值的要求。重复接地电阻值不应大于10Ω。

塔吊防雷接地

（5）施工现场内所有防雷装置的冲击接地电阻值不得大于30Ω。

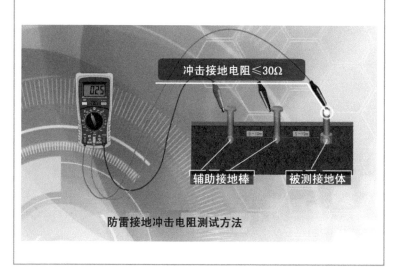

冲击接地电阻≤30Ω

辅助接地棒　　　被测接地体

防雷接地冲击电阻测试方法

4.5 电线电缆的敷设及固定

　　(1)电缆敷设有架空及埋地两种方式,架空线路与机动车道交叉时最小垂直距离不小于6m;电缆埋设应做好防护,电缆上方路径应设相关的方位标志。

架空敷设

埋地敷设

　　(2)架空线路的线间距不得小于0.3m,靠近电杆的两导线的间距不得小于0.5m。

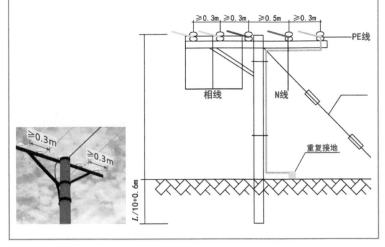

（3）电缆直接埋地敷设的深度不小于0.7m，并在电缆四周均匀敷设不小于50mm厚的细沙，再覆盖砖或混凝土板等硬质保护层，并回填密实。

埋地敷设

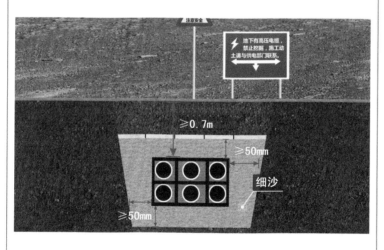

（4）电缆穿越特殊地段及引出地面时,从 2m 高度至地下 0.2m 处,必须加设防护套管,防护套管直径不小于电缆外径的 1.5 倍。

（5）电缆须用绝缘子固定,绑扎时必须采用绝缘线。

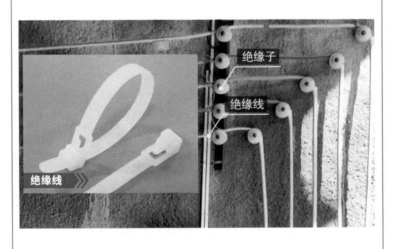

4.6 用电设备

(1)用电设备开关应采用接触器、继电器等自动控制电器，不得采用手动双向转换开关作为控制电器。

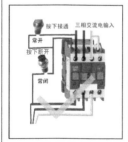

接触器

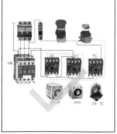

继电器

手动双向转换开关

（2）Ⅰ类、Ⅱ类金属外壳手持式电动工具的开关箱中，漏电保护器的额定漏电动作电流不应大于15mA，额定漏电动作时间不应大于0.1s。

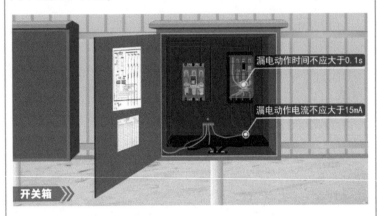

漏电动作时间不应大于0.1s

漏电动作电流不应大于15mA

开关箱

（3）在潮湿场所和金属构架上操作时，必须选用Ⅱ类或由安全隔离变压器供电的Ⅲ类手持工电动工具。金属外壳Ⅱ类手持式电动工具使用时，其开关箱和控制箱应设置在作业场所外，在潮湿场所或金属构架上严禁使用Ⅰ类手持式电动工具。

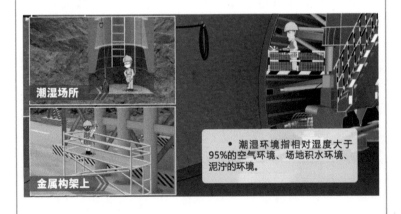

潮湿场所

金属构架上

• 潮湿环境指相对湿度大于95%的空气环境、场地积水环境、泥泞的环境。

(4)手持式电动工具及电动机械(混凝土搅拌机、凿岩台车、机械手、插入式振动器、平板振动器、地面抹光机、水磨石机、钢筋加工机械、木工机械)的负荷线应采用耐气候型橡皮护套铜芯软电缆,并不得有接头。

手持式电动工具

混凝土搅拌机

钢筋加工机械

木工机械

耐气候型橡皮护套铜芯软电缆

电缆接头

（5）水泵的负荷线必须采用防水橡皮护套铜芯软电缆，严禁有任何破损和接头，并且不得承受任何外力。

电缆破损 ▶▶

电缆接头 ▶▶

承受外力 ▶▶

（6）对混凝土搅拌机、钢筋加工机械、木工机械等设备进行清理、检查、维修时，必须首先将其开关箱分闸断电，呈现可见电源分断点，并关门上锁。

混凝土搅拌机

钢筋套丝机

钢筋弯曲机

钢筋截断机

4.7 照明

（1）一般场所宜选用额定电压为 **220V** 的照明器。

额定电压：220V

额定电压：220V

额定电压：220V

额定电压：220V

（2）照明器的选择必须按下列环境条件确定：

①正常湿度一般场所，选用开启式照明器。

开启式照明灯

②潮湿或特别潮湿场所,选用密闭型防水照明器或配有防水灯头的开启式照明器。

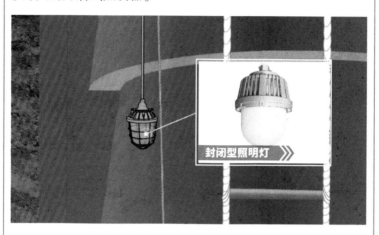

封闭型照明灯

③含有大量尘埃但无爆炸和火灾危险的场所,选用防尘型照明器。

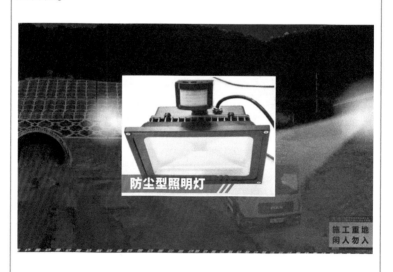

防尘型照明灯

施工重地
闲人勿入

④有爆炸和火灾危险的场所,按危险场所等级选用防爆型照明器。

（3）照明器的选择必须按下列环境条件确定:

①隧道、人防工程、高温、有导电灰尘、比较潮湿或灯具离地面高度低于 2.5m 等场所的照明,电源电压不应大于 36V。

②潮湿和易触及带电体场所的照明,电源电压不得大于24V。

③特别潮湿场所、导电良好的地面、锅炉或金属容器内的照明,电源电压不得大于 12V。

特别潮湿场所

导电良好地面

④室外 220V 灯具距地面不得低于 3m,室内 220V 灯具距地面不得低于 2.5m。

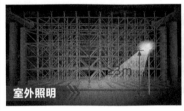
室外照明

室内灯具

⑤空间较大的区域应采用多回路进行控制,合理布置灯具。

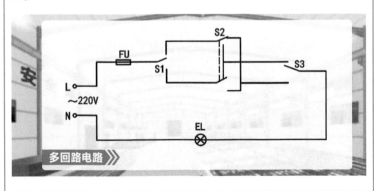
多回路电路

4.8 检修及维护

（1）日常检修及维护应由专业电工负责。

（2）检修时，必须按规定穿戴绝缘鞋、绝缘手套，使用电工绝缘工具。

（3）检修时应先停电并留人看守或挂警告牌。

（4）破损电缆连接方式有绞合连接、紧压连接等，连接前应剥除导线绝缘层，注意不要损伤芯线，芯线连接后采用黄蜡带呈 55°角，按照 1/2 叠压方式从左右两侧各缠绕一圈，再用黑胶布按照黄蜡带方式缠绕密实。

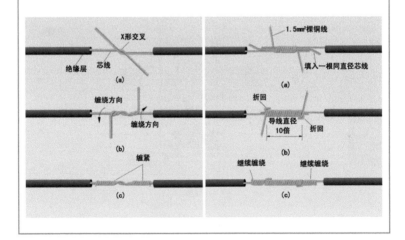

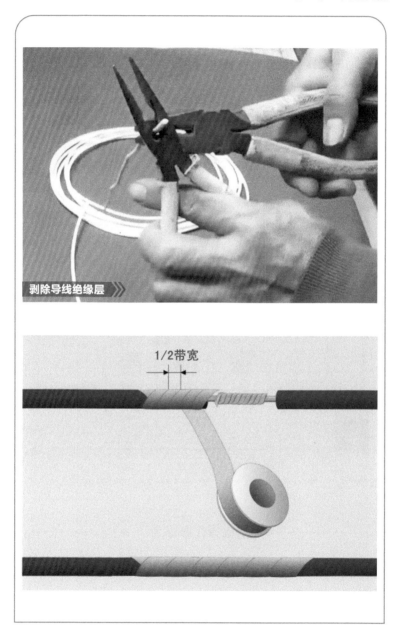

剥除导线绝缘层

1/2带宽

（5）检修结束后，应认真清理现场，检查携带工具有无缺失，通知工作人员撤离现场，取下警告牌，按送电顺序送电。

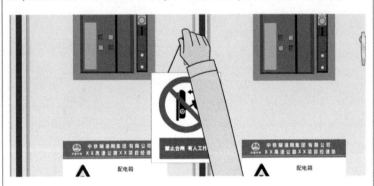

送电操作顺序为

总配电箱 ➤ 分配电箱 ➤ 开关箱

(6)严禁带负荷拉合隔离开关,拉合时应迅速果断到位。

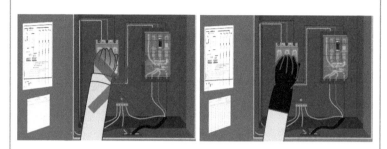

(7)检修及维护完成后按要求填写记录并存档。

4.9 应急处置

(1)在巡视检查时如发现有故障或隐患,应立即上报并采取全部停电或部分停电及其他临时性安全措施,避免发生事故。

(2)有人触电应立即切断电源,进行急救。

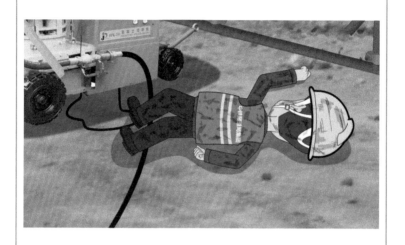

(3)电气着火时,应立即将有关电源切断,使用干粉灭火器或干沙灭火。

电工安全口诀

电工作业危如虎　防护到位是基础

作业维护应规范　违章操作靠边站

设备接地要记牢　一机一闸一漏保

电路老化早更换　用电负荷勿超限

头脑上紧这根弦　依规用电保安全